地下工程防水饰面砂浆应用构造图集

徐春一　逯　彪　姜德俊　编著
编著单位：沈阳建筑大学
　　　　　诸暨市禾盛建材有限公司

中国建筑工业出版社

图书在版编目（CIP）数据

地下工程防水饰面砂浆应用构造图集/徐春一，逯彪，姜德俊编著. —北京：中国建筑工业出版社，2018.1
ISBN 978-7-112-21749-6

Ⅰ.①地…　Ⅱ.①徐…　②逯…　③姜…　Ⅲ.①地下工程-建筑防水-饰面砂浆-图集　Ⅳ.①TU57-64

中国版本图书馆 CIP 数据核字（2017）第 325773 号

防水饰面砂浆是我国近年研发的一种集防水、防潮、防霉和饰面等多功能于一体的新型建筑材料。其利用现代化生产装备，通过优化配比及工艺控制手段配制而成的环保材料，可与建筑物同寿命。本书内容系统、全面、新颖、实用，可供防水饰面砂浆设计、生产、施工和管理人员参考，以期达到规范防水饰面砂浆生产与工程应用的作用，以及与诸位同仁共享的目的，为防水饰面砂浆的工程应用提供技术指导。

责任编辑：封　毅　张瀛天
责任校对：李欣慰

地下工程防水饰面砂浆应用构造图集
徐春一　逯　彪　姜德俊　编著

*

中国建筑工业出版社出版、发行（北京海淀三里河路 9 号）
各地新华书店、建筑书店经销
霸州市顺浩图文科技发展有限公司制版
北京同文印刷有限责任公司印刷

*

开本：787×1092 毫米　横 1/16　印张：2¼　字数：58 千字
2018 年 1 月第一版　2018 年 1 月第一次印刷
定价：**15.00** 元
ISBN 978-7-112-21749-6
（31581）

前　言

　　防水饰面砂浆是我国近年研发的一种集防水、防潮、防霉和饰面等多功能于一体的新型建筑材料。其利用现代化生产装备，通过优化配比及工艺控制手段配制而成的环保材料，可与建筑物同寿命。

　　防水饰面砂浆适用范围较广，可应用于新建或改（扩）建工业与民用建筑、市政、隧道、地下管廊等工程的混凝土或砌体表面。可有效解决传统做法中存在的墙面开裂、发黑、空鼓、渗水等诸多难题，并能有效提高建筑物耐久性能，有利于环保及可持续发展，符合资源节约型、经济和环境友好型社会的发展要求。

　　为了适应建筑工程对防水饰面砂浆的需求，促进防水饰面砂浆大量推广应用，本书依据防水饰面砂浆研究及应用的最新成果，与中国工程建设协会标准《地下工程防水饰面砂浆应用技术规程》T/CECS 484 配套使用，就防水饰面砂浆的技术性能指标、构造图详解以及施工要点，作了全面、详细的论述。本书内容系统、全面、新颖、实用，可供防水饰面砂浆设计、生产、施工和管理人员参考，以期达到规范防水饰面砂浆生产与工程应用的作用，以及与诸位同仁共享的目的，为防水饰面砂浆的工程应用提供技术指导。

　　在此要感谢辽宁省"百千万人才工程"资助项目（2015-57）的大力支持。感谢中国建筑东北设计研究院有限公司副总工程师高连玉教授在本书编制过程中给予的总体指导、沈阳建筑大学土木工程学院王凤池教授在地下工程的节点应用构造部分提供的背景资料及大力指导；感谢辽宁省建设科学研究院高级工程师金恒刚教授、辽宁省建筑设计研究院白宏涛总工程师对本书的编写细节、编写深度给予了大量支持和帮助；感谢诸暨市禾盛建材有限公司金顺樑总经理为本书提供的防水饰面砂浆生产、装备和施工等方面的工程经验，为本书的编著提出了许多宝贵建议。还要感谢沈阳建筑大学苑永胜、陈龙、郭育源、徐怡婷、武沾青、齐英楠、许纪峰等研究生对本书编著工作的积极参与。

　　本书编著的目的意在起到抛砖引玉的作用，为防水饰面砂浆能够得到更好的发展和应用提供了指导作用。限于时间及作者水平，书中难免有不妥之处，恳请有关专家和广大读者批评指正。

作　者

2017 年 5 月

目　录

总　说　明

1　适用范围

1.1　本书适用于新建或改（扩）建工业与民用建筑、市政工程、隧道、地下管廊等工程中采用防水饰面砂浆的设计。

1.2　本书与中国工程建设协会标准《地下工程防水饰面砂浆应用技术规程》配套使用，尚应符合现行国家标准《建筑地面设计规范》GB 50037、《建筑外墙防水工程技术规程》JGJ/T 235、《住宅室内防水工程技术规范》JGJ 298、《墙体饰面砂浆》JC/T 1024 的有关规定。

2　编制依据

2.1　《墙体饰面砂浆》　　　　　　　　　　　JC/T 1024—2007

2.2　《地下建筑防水构造》　　　　　　　　　10J 301—2010

2.3　《建筑外墙防水工程技术规程》　　　　　JGJ/T 235—2011

2.4　《地下工程防水技术规范》　　　　　　　GB 50108—2008

2.5　《建筑装饰装修工程质量验收规范》　　　GB 50210—2001

2.6　《机械喷涂抹灰施工规程》　　　　　　　JGJ/T 105—2011

2.7　《预拌砂浆》　　　　　　　　　　　　　GB/T 25181—2010

2.8　《预拌砂浆应用技术规程》　　　　　　　JGJ/T 223—2010

2.9　《住宅室内防水工程技术规范》　　　　　JGJ 298—2013

3　材料及性能

3.1　防水饰面砂浆按其物理力学性能以及用途分为Ⅰ型和Ⅱ型两种。Ⅰ型和Ⅱ型防水饰面砂浆可用于背水面作为防潮及装饰使用，可有效解决墙体饰面在传统做法中所存在墙面开裂、发霉、空鼓等诸多弊端，并能有效提高建筑物耐久性能；Ⅱ型防水饰面砂浆用于迎水面作为防水层使用时，应满足现行国家标准《地下工程防水技术规范》GB 50108 的相关规定。

3.2　防水饰面砂浆的技术性能应符合表 3.2 的要求。

表 3.2

防水饰面砂浆的技术性能指标

序号	项 目		技术指标		试验方法标准
			I	II	
1	可操作性(30min)		施工无障碍		JC/T 1024
2	凝结时间(初凝、终凝)		实测值		JC/T 984
3	抗压强度 28d(MPa)		≥18.0	≥24.0	JC/T 984
4	抗折强度 28d(MPa)		≥6.0	≥8.0	JC/T 984
5	抗渗压力(MPa)	7d	≥0.8	≥1.0	JC/T 984
		28d	≥1.5	≥1.5	
6	拉伸粘结强度(MPa)	7d	≥0.8	≥1.0	JC/T 984
		28d	≥1.0	≥1.2	
7	柔韧性(横向变形能力)/mm		≥1.0		JC/T 984
8	28d 收缩率(%)		≤0.30	≤0.15	JC/T 984
9	吸水率(%)		≤6.0	≤4.0	JC/T 984
10	抗冻性能		无开裂、无剥落		JC/T 984
11	耐碱性		无开裂、无剥落		JC/T 984
12	耐热性		无开裂、无剥落		JC/T 984
13	抗霉菌性能		II 级		HG/T 3950
14	初期干燥抗裂性		无裂纹		JC/T 1024
15	抗泛碱性		不可见泛碱,不掉粉		JC/T 1024
16	挥发性有机化合物含量(VOC)(g/kg)		≤15		GB 18582
17	苯+甲苯+乙苯+二甲苯(mg/kg)		≤300		GB 18582
18	游离甲醛(mg/kg)		≤100		GB 18582
19	可溶性重金属(mg/kg)	铅 Pb	≤90		GB 18582
		镉 Cd	≤75		
		铬 Cr	≤60		
		汞 Hg	≤60		

注：1. 凝结时间可根据用户需要及季节变化双方自行调整；
　　2. 抗渗压力试验中采用砂浆试件；
　　3. 当用于建筑外墙时，应符合项目 15～16 项要求；
　　4. 当用于有环保要求的工程里，应符合项目 17～20 要求。

3.3 防水饰面砂浆：经干燥、级配处理的细骨料、胶凝材料、掺合料、改性剂及颜料等按一定比例在专业生产线混合而成的干混拌合物，在使用地点按规定比例加水或配套组份拌合使用，具有防水、防潮、防霉、装饰等功能的砂浆。

3.4 防水饰面砂浆的质量应符合设计要求和国家现行有关标准的规定。

3.5 所有材料进场时应进行验收，验收合格后方可使用。

3.6 防水饰面砂浆所用原材料不应对人体、生物及环境造成有害的影响，并应符合国家有关安全和环保相关标准的规定。

3.7 防水饰面砂浆应储存在干燥、通风、防潮、不受雨淋及暴晒的场所，并应按类别、批号分别存储，存储环境温度应为5～35℃。

3.8 防水饰面砂浆应均匀、无结块。

3.9 拌合用水应符合现行行业标准《混凝土用水标准》JGJ 63 的规定。

3.10 凝结时间可根据用户需要及季节变化双方自行调整。

4 设计要求

4.1 有防水设防要求的工程设计应符合国家现行标准的相关规定。

4.2 防水饰面砂浆的外观颜色按设计或用户要求选用。

4.3 防水饰面砂浆施工时基层的强度不应低于设计值的80%。

4.4 防水饰面砂浆设计应符合现行国家标准中有关消防、环保的规定。

4.5 设计要点

4.5.1 地下部分：

  1 防水饰面砂浆不应用于受持续振动或温度高于80℃的地下工程。

  2 基层找平后，防水饰面砂浆厚度，作为防潮层和装饰面层使用时，单层施工宜为6～8mm；作为防水层使用时，双层施工宜为10～12mm。

4.5.2 当用于地上外墙作为防水层使用时，厚度宜为3～5mm，作为防潮层和饰面层使用时，厚度宜为6～8mm。

4.5.3 当用于室内地面作为防水层使用时，厚度宜为15mm，作为防潮层和饰面层使用时，厚度宜为15～20mm。

4.5.4 当用于内墙作为防潮层和饰面层使用时，厚度宜为6～10mm。

4.5.5 其他构造层厚度要求，应符合国家现行标准的规定，本图集仅供参考。

5 施工技术

5.1 一般规定

5.1.1 防水饰面砂浆的稠度应根据产品说明书确定。

5.1.2 防水饰面砂浆的厚度应符合设计要求。

5.1.3 防水饰面砂浆的施工应有相应的质量管理体系、施工质量检验制度以及完整的施工检查记录。施工人员应经过培训方可上岗操作。

5.1.4 防水饰面砂浆的施工尚应具备下列条件：

    1 基层施工质量验收合格；

    2 防水饰面砂浆防水层不得在雨天、五级及以上大风中施工。夏季不宜在35℃以上环境下施工。寒冷或严寒地区施工环境温度不应低于5℃，若低于5℃，应采取冬期施工措施。

5.1.5 砂浆在凝结硬化前，应防止暴晒、淋雨、水冲、撞击、振动。

5.1.6 施工前应制作样板。

5.1.7 防水饰面砂浆基层表面不得涂刷影响粘结强度的界面材料。对影响防水饰面砂浆粘结强度的基层表面应采取打磨或涂刷界面剂等方式进行处理。

5.2 施工设备及基本要求

5.2.1 施工现场的环境污染和噪声应符合国家的相关标准。

5.2.2 移动筒仓应安装在混凝土强度等级不小于C25，平面度不大于4mm/m，厚度不小于200mm的平整硬混凝土地面上，移动筒仓的设置点应方便施工和车辆的运输。

5.2.3 防水饰面砂浆宜采用机械拌合和机械施工，砂浆应拌合均匀，不应出现干粉团。

5.2.4 施工连续搅拌机可分为固定式搅拌机和移动式搅拌机两种：固定式搅拌机可以安装在防水饰面砂浆散装移动筒仓的下锥部位的蝶阀下，它和防水饰面砂浆散装移动筒仓同时运输和使用；移动式搅拌机则可以作为一台机器单独使用，通过安装在底部的滚轮实现移动。搅拌机由干湿混合腔、推进部分、搅拌部分、水路和电气控制等主要部分组成，搅拌部分外观为圆筒状，受料口输入干混砂浆，中部通过流量控制阀加入拌合用水，在出料口连续输出均匀的砂浆拌合物。搅拌机应符合以下要求：

    1 应配置供水系统，水量可以调节；

    2 应配置电气控制系统，通过电气控制系统控制出料时间；

    3 水泵流量应与施工连续搅拌机的生产能力相匹配；

    4 施工连续搅拌机与筒仓连接后其出料口的高度不应小于0.75m。

5.2.5 喷浆机可分为连续式喷浆机和搅拌式喷浆机两种：连续式喷浆机与干混砂浆散装移动筒仓、施工连续搅拌机配合使用；搅拌式喷浆机则可以作为一台机器单独使用。喷浆机由推进部分、搅拌部分、储料斗、泵、水路、输送管路、喷枪、压力表、空气压缩机、电气控制等主要部分组成。

5.2.6 气力输送系统由专用空压机、压力罐、输送管、喂料仓和PLC控制等组成，气力输送系统应符合以下要求：

    1 喂料仓出料口应与施工连续搅拌机进料口连接牢固、密封，并应配置收尘系统。

2 气力输送应保证供料均匀，不应出现断料现象。

3 管路的安装应减少弯头，两个弯管的距离应大于管径的 40 倍。

5.3 防水饰面砂浆的进场检验、储存与拌合

5.3.1 防水饰面砂浆的进场检验

防水饰面砂浆进场时，供方应按照规定批次向需方提供质量证明文件，质量证明文件应包括产品型式检验报告和产品出厂检验报告等。

防水饰面砂浆进场时应进行外观检验，并应符合下列规定：散装防水饰面砂浆应外观均匀，无结块、受潮现象；袋装防水饰面砂浆应包装完整，无受潮现象。当预拌砂浆进场检验项目全部符合规定时，该批产品可判定为合格，当有一项不符合要求时，该批产品应判定为不合格。

5.3.2 防水饰面砂浆的储存

防水饰面砂浆可分为包装防水饰面砂浆和散装防水饰面砂浆。前者以塑料编织袋或复合牛皮纸袋，后者则采用散装车运输，将其用压力输送到钢制的储存罐内。

不同品种的散装防水饰面砂浆应分别储存在散装移动筒仓中，不能混存混用，并应对筒仓进行标识。筒仓的数量应满足砂浆品种及施工要求。在更换砂浆品种时筒仓应清空。

筒仓应符合《干混砂浆散装移动筒仓》SB/T 10461 现行行业标准的规定并应在现场安装牢固。

袋装防水饰面砂浆应储存在干燥、通风、防潮、不受雨淋的场所，并应按品种、批号分别堆放，不得混堆混用，且应先存先用，配套组分中的有机类材料应储存在干燥、通风、远离火和热源的场所，不应露天存放和暴晒，储存的环境温度应为 5～35℃。

5.3.3 防水饰面砂浆的拌合要点

1 防水饰面砂浆应按产品说明书的要求加水或其他配套组分拌合，不得在防水饰面砂浆中添加其他成分；防水饰面砂浆的拌合用水应符合《混凝土用水标准》JGJ 63—2006 中对混凝土拌合用水的规定。

2 防水饰面砂浆应采用机械搅拌，袋装防水饰面砂浆也可使用手提式搅拌器进行搅拌，搅拌时的加水量应在配方设计加水量的范围之内。散装防水饰面砂浆的搅拌可采取与储料罐连成一体的螺旋式混浆机搅拌，该设备应能连续工作，混装量应不少于 50kg/min。

防水饰面砂浆如采用连续式搅拌器，应以产品说明书要求的加水量为基准，并根据现场施工稠度微调拌合加水量；防水饰面砂浆如采用手提式电动搅拌器，则应严格按照产品说明书规定的加水量进行搅拌，先在容器内放入规定量的拌合水，然后在不断搅拌的情况下陆续加入防水饰面砂浆，其搅拌时间宜为 3～5min，静停 10min 后再搅拌不少于 0.5min，稠度应满足现行施工规范的有关规定。防水饰面砂浆应随拌随用，除水外不得添加任何其他成分，不得由使用人自行添加某些成分来变更防水饰面砂浆的颜色和类别。

3 砂浆拌合物应在砂浆可操作时间内用完，且应满足工程施工要求，当砂浆拌合物出现少量泌水时，应拌合均匀后方可使用。

5.4 防水饰面砂浆的施工

5.4.1 施工现场应做好以下准备：

1 应配备安全作业的脚手架或吊篮、运输设备、施工用水及用电等专项设施和机具，并按规定配备安全带、安全帽、安全网、安全围栏、指示牌等安全防护用品，地下防水工程施工应有必要的照明以及通风措施；

2 施工面与施工平台的距离应充分考虑防水饰面砂浆的施工工法，便于施工操作；

3 宜设立防晒布等措施遮挡墙面，以避免阳光或雨水对施工层的直射或冲刷。

5.4.2 防水饰面砂浆的备料与存放应符合下列要求：

1 应根据设计选定的颜色，依照色卡备料，未取得建设方认可时，不得任意更改或代替；

2 应根据选定的类别和工艺要求，结合实际面积、材料单位用量及损耗，确定备料量；

3 防水饰面砂浆进入施工现场时，应由施工方会同监理人员进行检查验收，合格后方可备用。

5.4.3 防水饰面砂浆施工流程如图5.4所示。

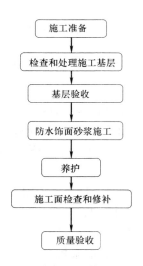

图 5.4 防水饰面砂浆施工流程图

5.5 施工要点

5.5.1 防水饰面砂浆每层宜连续施工，各层应紧密粘合，必须留设施工缝时，应采用阶梯坡形槎，但离阴阳角处不得小于200mm，相邻两层接槎应错开100mm以上。

5.5.2 当直接用于不同材料的基体交接处时，应采取在抹灰前铺设加强网等防止开裂的加强措施。加强网与各基体的搭接宽度不应小于100mm，且地下工程内墙门窗口、墙阳角处的加强网应提前抹好。

5.5.3 防水饰面砂浆采用喷涂方法施工尚应符合下列要求：

1 喷涂的顺序应为：先难后易，先里后外，先高处后低处，先小面积后大面积；

2 喷枪移动轨迹应规则有序，不宜交叉重叠；

3 喷涂时，应根据实际工程要求选择喷枪嘴口径以及喷枪工作压力；

4 喷枪运行时，应平握且稳定，喷嘴垂直于墙面，喷射距离宜控制在 400～600mm，平行于墙面做上下、左右移动，以 10～12m/min 的速度均匀、连续作业；

5 喷涂行走路线宜在直线喷涂 700～800mm 后，返回喷涂下一道，下一道压住上一道的 1/3 或 1/4，应减少斜向喷涂。

5.5.4 施工机具应有专人管理和使用，定期维护保养。

5.5.5 防水饰面砂浆防水层终凝后，应及时进行养护，养护温度不宜低于 5℃，未达到硬化状态时，不得浇水养护或直接受雨水冲刷，养护时间不得少于 14d。潮湿环境中，可在自然条件下养护。

5.5.6 防水饰面砂浆施工完后应有保护措施。

5.5.7 应合理安排水、暖、电、设备安装等工序，不宜在防水饰面砂浆施工后开凿孔洞。如需开凿孔洞时，应在防水饰面砂浆完全固化后进行，并采取相应的处理措施。

5.6 施工注意事项

5.6.1 施工过程不得出现抹压不实、不到位和施工盲区等现象。

5.6.2 防水饰面砂浆在设计应用时，必须直接抹压或喷射在节点凹凸部位、结构主体的混凝土或砌体基层（或保温层）表面上，其基层表面不得涂刷防水涂料或其他化学性质不稳定的界面材料，避免其化学分解和老化，导致施工层与基层的粘结力损失而破坏其整体性。

5.6.3 防水饰面砂浆在施工现场除按规定的水灰比加水混合搅拌外，不得再添加其他材料，以免破坏其性能。

5.7 养护

5.7.1 施工完工后，应有防雨水、防污染、防撞击的措施，并及时用水喷雾养护，时间不小于 14 天。

5.7.2 养护期内，不得受雨水冲刷和阳光直射。

5.7.3 养护期应有专人巡查，发现损坏和异常的施工部位应及时进行修复和养护。

6 验收标准

6.1 防水饰面砂浆需存档质量证明文件，质量证明文件应包括产品合格证、型式检验报告及进场复验报告。

6.2 基层处理应平整、坚实、牢固、无粉化、无起皮和无裂缝。

6.3 防水饰面砂浆工程验收时，应检查下列资料：

    1 设计与施工执行标准、文件；

    2 基层的检验记录；

3　专项施工方案和技术交底文件；

　4　施工工艺与质量检查记录；

　5　其他必须提供的资料。

6.4　验收批应按下列规定划分：

　1　对同一厂家、同一类型、同施工条件的防水饰面砂浆，每$100m^2$应划分为一个验收批，不足$100m^2$时，应按一个验收批计；

　2　每验收批应至少抽查一处，每处应为$10m^2$。

6.5　验收批质量验收合格，应符合下列规定：

　1　验收批应按主控项目和一般项目验收；

　2　主控项目应全部合格；

　3　一般项目应合格；当采用计数验收时，至少应有80％以上的检查点合格，其余检查点不得有严重缺陷；

　4　应具有完整的施工操作依据和质量检查记录。

6.6　防水饰面砂浆与基层之间应结合牢固，无空鼓现象。

6.7　防水饰面砂浆防水层表面应密实、平整，不得有裂纹、起砂、麻面等缺陷。

6.8　防水饰面砂浆的平均厚度应符合设计要求，最小厚度不得小于设计值的85％。

6.9　防水饰面砂浆作为饰面的工程质量允许偏差和检查方法应符合表6.9的规定。

防水饰面砂浆作为饰面的工程质量允许偏差和检查方法　　　　表6.9

项次	项　目	允许偏差 （mm）	检查方法	项次	项　目	允许偏差 （mm）	检查方法
1	立面垂直度	+3 0	用2m垂直检测尺检查	4	分格条(线)直线度	+3 0	拉5m线，不足5m拉通线，用钢直尺检查
2	表面平整度	+3 0	用2m靠尺和塞尺检查	5	墙裙、勒脚上口直线度	+3 0	拉5m线，不足5m拉通线，用钢直尺检查
3	阴阳角方正	+3 0	用直靠尺检查	6	装饰线、分色线直线度	+2 0	拉5m线，不足5m拉通线，用钢直尺检查

6.10　Ⅱ型防水饰面砂浆作为防水层时，表面平整度的允许偏差范围应为0～5mm。

6.11　防水饰面砂浆与其他装修材料和设备衔接处应吻合，界面应清晰。

7　其他

7.1　本图集尺寸除特殊注明外，均以毫米（mm）为单位。

7.2　图集中未尽事宜，按国家有关规范执行。

名称	简图	构造做法
底板构造做法一 (卷材或防水涂料与防水饰面砂浆组合外防水,防水饰面砂浆选Ⅱ型,作为1道防水层使用) 防水等级一级		1　面层(见具体工程设计); 2　防水混凝土底板; 3　50厚C20细石混凝土; 4　≥12厚Ⅱ型防水饰面砂浆防水层; 5　隔离层(见具体工程设计); 6　卷材或涂料防水层(见具体工程设计); 7　20厚1:2.5水泥砂浆找平层; 8　100～150厚C15混凝土垫层
底板构造做法二 (卷材或防水涂料外防水,防水饰面砂浆型号不限,作为防潮层和饰面层使用)		1　20厚防水饰面砂浆面层; 2　防水混凝土底板; 3　50厚C20细石混凝土; 4　隔离层(见具体工程设计); 5　防水层(见具体工程设计); 6　20厚1:2.5水泥砂浆找平层; 7　100～150厚C15混凝土垫层

	图集号	
地下工程底板构造	页	

名称	简图	构造做法
顶板构造做法一 （卷材或涂料与防水饰面砂浆组合外防水,防水饰面砂浆选Ⅱ型,作为1道防水层使用,无保温） 防水等级一级		1　覆土或面层(见具体工程设计)； 2　50～70厚C20细石混凝土保护层(配筋见具体工程设计)； 3　隔离层(见具体工程设计)； 4　卷材或涂料防水层(见具体工程设计)； 5　≥12厚Ⅱ型防水饰面砂浆防水层； 6　防水混凝土顶板； 7　抹灰面层(见具体工程设计)
顶板构造做法二 （卷材或防水涂料外防水,防水饰面砂浆型号不限,作为防潮和饰面层使用,无保温）		1　覆土或面层(见具体工程设计)； 2　50～70厚C20细石混凝土保护层(配筋见具体工程设计)； 3　隔离层(见具体工程设计)； 4　卷材或涂料防水层(见具体工程设计)； 5　20厚1：2.5水泥砂浆找平层； 6　防水混凝土顶板； 7　6～8厚防水饰面砂浆面层

	图集号	
地下工程顶板构造	页	

名称	简图	构造做法
顶板构造做法三 （卷材或涂料与防水饰面砂浆组合外防水，防水饰面砂浆选Ⅱ型，作为 1 道防水层使用，有保温） 防水等级一级		1 覆土或面层（见具体工程设计）； 2 50～70 厚 C20 细石混凝土保护层（配筋见具体工程设计）； 3 保温层（材料、厚度见具体工程设计）； 4 隔离层（见具体工程设计）； 5 卷材或涂料防水层（见具体工程设计）； 6 ≥12 厚Ⅱ型防水饰面砂浆防水层； 7 防水混凝土顶板； 8 抹灰面层（见具体工程设计）
顶板构造做法四 （卷材或防水涂料外防水，防水饰面砂浆型号不限，作为防潮和饰面层使用，有保温）		1 覆土或面层（见具体工程设计）； 2 50～70 厚 C20 细石混凝土保护层（配筋见具体工程设计）； 3 保温层（材料、厚度见具体工程设计）； 4 隔离层（见具体工程设计）； 5 卷材或涂料防水层（见具体工程设计）； 6 20 厚 1：2.5 水泥砂浆找平层； 7 防水混凝土顶板； 8 6～8 厚防水饰面砂浆面层

	图集号	
地下工程顶板构造		
	页	

11

名称	简图	构造
外墙构造做法一 （外防外贴外涂卷材或涂料与防水饰面砂浆组合外防水,防水饰面砂浆选Ⅱ型,作为1道防水层使用） 防水等级一级		1 2∶8灰土分层夯实； 2 保护层或保温层（材料、厚度见具体工程设计）； 3 卷材或涂料防水层（见具体工程设计）； 4 ≥12厚Ⅱ型防水饰面砂浆防水层； 5 防水混凝土外墙； 6 面层（见具体工程设计）
外墙构造做法二 （外防外贴外涂卷材或涂料外防水,防水饰面砂浆型号不限,作为防潮层和饰面层使用）		1 2∶8灰土分层夯实； 2 保护层或保温层（材料、厚度见具体工程设计）； 3 卷材或涂料防水层（见具体工程设计）； 4 防水混凝土外墙； 5 6～8厚防水饰面砂浆面层

地下工程侧墙构造	图集号
	页

12

名称	简图	构造
桩与承台构造做法		1 结构底板； 2 底板防水层； 3 细石混凝土； 4 ≥12厚Ⅱ型防水饰面砂浆； 5 水泥基渗透结晶型防水涂料； 6 桩基受力筋； 7 遇水膨胀止水条(胶)； 8 混凝土垫层； 9 密封材料

桩与承台连接节点构造

图集号	
页	

13

名称	简图	构造
矿山法隧道构造做法		1　防水饰面砂浆面层； 2　二次衬砌； 3　防水层； 4　纤维针刺无纺布； 5　初期支护； 6　拱顶注浆管

矿山法隧道构造

图集号	
页	

名称	简图	构造
外墙构造做法一 砖墙 （防水饰面砂浆型号不限，作为防潮层和饰面层使用）		1　结构墙体； 2　12厚1：3水泥砂浆打底扫毛或划出纹道； 3　6～8厚防水饰面砂浆面层
外墙构造做法二 混凝土墙、混凝土空心砌块墙 轻骨料混凝土空心砌块墙 （防水饰面砂浆型号不限，作为防潮层和饰面层使用）		1　结构墙体； 2　刷聚合物水泥浆一道； 3　12厚1：3水泥砂浆打底扫毛或划出纹道； 4　6～8厚防水饰面砂浆面层

地上工程建筑外墙构造	图集号	
	页	

名称	简图	构造做法
外墙构造做法三 蒸压加气混凝土砌块墙 轻骨料混凝土空心砌块墙 （防水饰面砂浆型号不限，作为防潮层和饰面层使用）		1 结构墙体； 2 9厚1：3水泥砂浆打底扫毛或划出纹道（喷湿墙面）； 3 3厚专用聚合物砂浆底面刮糙；或专用界面处理剂甩毛； 4 6～8厚防水饰面砂浆面层
外墙构造做法四 块材饰面外墙整体防水构造 （防水饰面砂浆选Ⅱ型，作为防水层使用）		1 结构墙体； 2 找平层（见具体工程设计）； 3 3～5厚Ⅱ型防水饰面砂浆； 4 粘结层； 5 块材饰面层

名称	简图	构造做法
外墙构造做法五 幕墙饰面外墙整体防水构造 （防水饰面砂浆选Ⅱ型,作为防水层使用）		1 结构墙体; 2 找平层(见具体工程设计); 3 3～5厚Ⅱ型防水饰面砂浆; 4 面板; 5 挂件; 6 竖向龙骨; 7 连接件; 8 锚栓
外墙构造做法六 涂料或块材饰面外保温外墙整体防水构造 （防水饰面砂浆选Ⅱ型,作为防水层使用）		1 结构墙体; 2 找平层(见具体工程设计); 3 3～5厚Ⅱ型防水饰面砂浆; 4 保温层; 5 饰面层; 6 锚栓

<table>
<tr><td></td><td rowspan="2">地上工程建筑外墙构造</td><td>图集号</td><td></td></tr>
<tr><td>页</td><td></td></tr>
</table>

17

名称	简图	构造做法
混凝土压顶女儿墙构造做法 （防水饰面砂浆选Ⅱ型，作为防水层使用）		1 混凝土压顶； 2 3～5厚Ⅱ型防水饰面砂浆
门窗框防水平剖面构造做法 （防水饰面砂浆选Ⅱ型，作为防水层使用）		1 窗框； 2 密封材料； 3 Ⅱ型防水饰面砂浆或发泡聚氨酯

女儿墙、门窗框节点构造

图集号	
页	

名称	简图	构造做法
门窗框防水立剖面构造做法 （防水饰面砂浆选Ⅱ型,作为防水层使用）		1　窗框； 2　密封材料； 3　Ⅱ型防水饰面砂浆或发泡聚氨酯； 4　滴水线； 5　外墙防水层

女儿墙、门窗框节点构造

图集号

页

名称	简图	构造做法
雨蓬构造做法 （防水饰面砂浆选Ⅱ型,作为防水层使用）		1 外墙保温层; 2 3～5厚Ⅱ型防水饰面砂浆; 3 滴水线
阳台构造做法 （防水饰面砂浆选Ⅱ型,作为防水层使用）		1 密封材料; 2 滴水线; 3 ≥15厚Ⅱ型防水饰面砂浆

雨蓬、阳台节点构造

图集号	
页	

名称	简图	构造做法
伸出外墙管道构造做法一 （防水饰面砂浆选Ⅱ型，作为防水层使用）		1 伸出外墙管道； 2 套管； 3 密封材料； 4 Ⅱ型防水饰面砂浆
伸出外墙管道构造做法二 （防水饰面砂浆选Ⅱ型，作为防水层使用）		1 伸出外墙管道； 2 套管； 3 密封材料； 4 Ⅱ型防水饰面砂浆； 5 细石混凝土

	图集号	
伸出外墙管道节点构造	页	

名称	简图	构造
管道穿越楼板的构造做法（防水饰面砂浆选Ⅱ型,作为防水层使用）	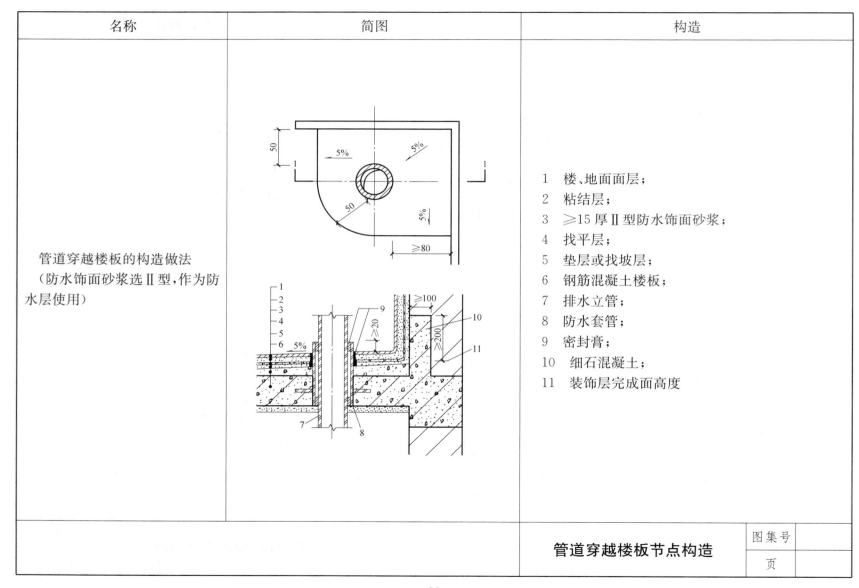	1 楼、地面面层； 2 粘结层； 3 ≥15厚Ⅱ型防水饰面砂浆； 4 找平层； 5 垫层或找坡层； 6 钢筋混凝土楼板； 7 排水立管； 8 防水套管； 9 密封膏； 10 细石混凝土； 11 装饰层完成面高度

名称	简图	构造做法
地漏构造做法 （防水饰面砂浆选Ⅱ型,作为防水层使用）	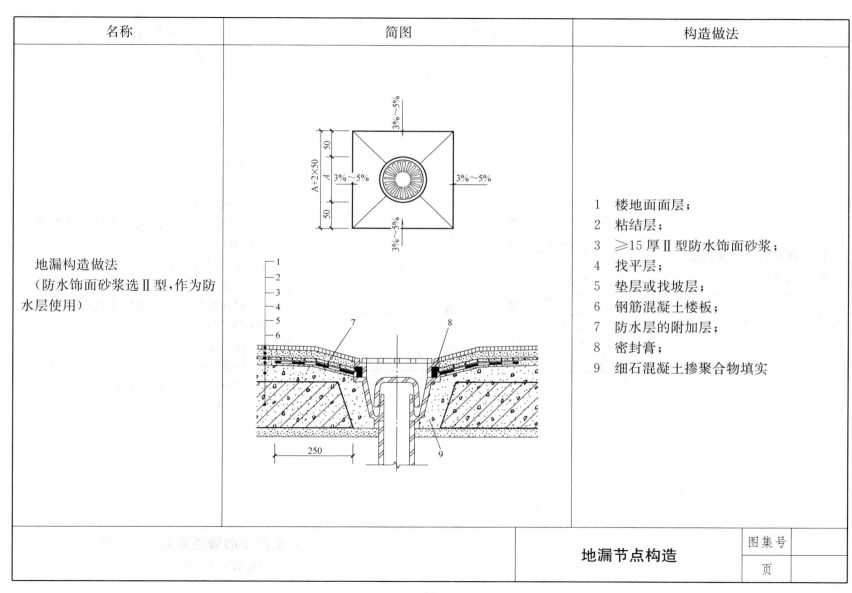	1　楼地面面层； 2　粘结层； 3　≥15厚Ⅱ型防水饰面砂浆； 4　找平层； 5　垫层或找坡层； 6　钢筋混凝土楼板； 7　防水层的附加层； 8　密封膏； 9　细石混凝土掺聚合物填实

	地漏节点构造	图集号	
		页	

名称	简图	构造做法
同层排水时管道穿越楼板的构造做法 （防水饰面砂浆选Ⅱ型，作为防水层使用）	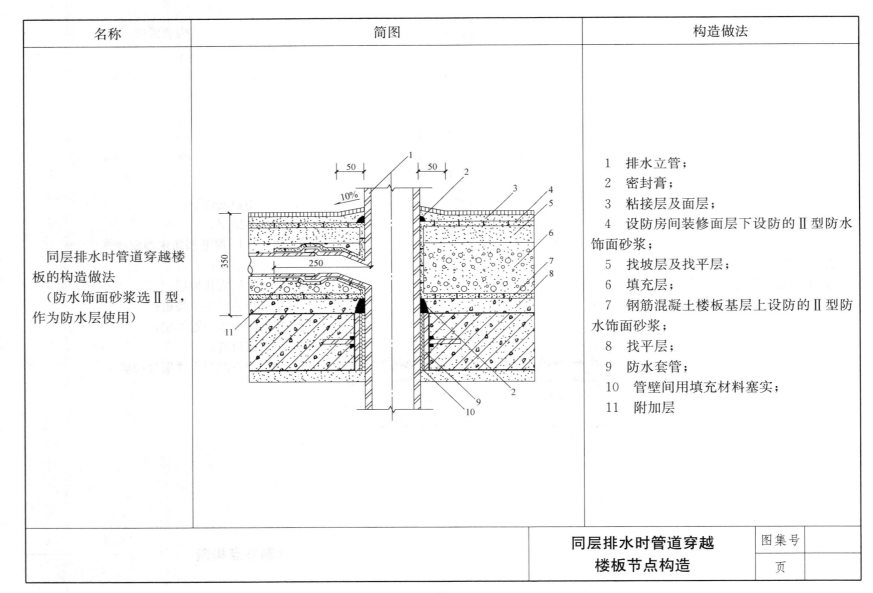	1　排水立管； 2　密封膏； 3　粘接层及面层； 4　设防房间装修面层下设防的Ⅱ型防水饰面砂浆； 5　找坡层及找平层； 6　填充层； 7　钢筋混凝土楼板基层上设防的Ⅱ型防水饰面砂浆； 8　找平层； 9　防水套管； 10　管壁间用填充材料塞实； 11　附加层

	同层排水时管道穿越楼板节点构造	图集号
		页

名称	简图	构造做法
同层排水时的地漏构造做法 （防水饰面砂浆选Ⅱ型,作为防水层使用）	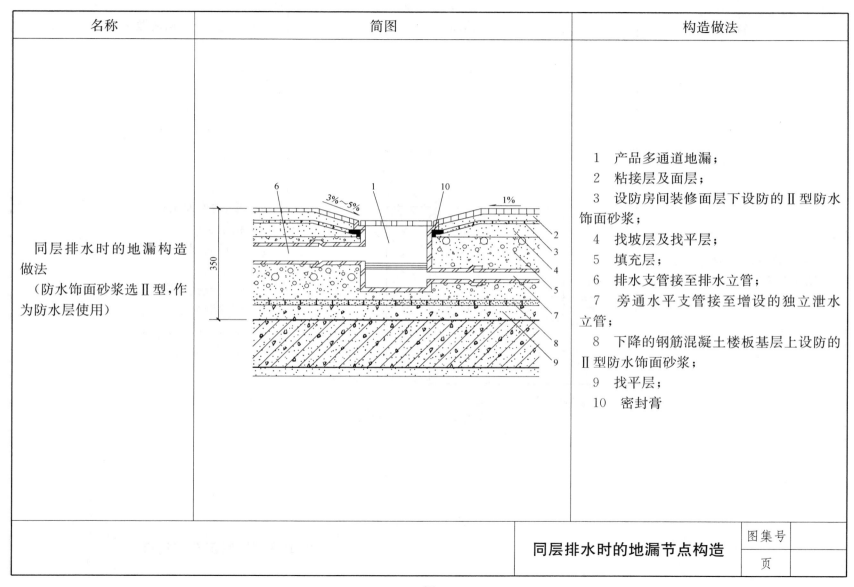	1 产品多通道地漏； 2 粘接层及面层； 3 设防房间装修面层下设防的Ⅱ型防水饰面砂浆； 4 找坡层及找平层； 5 填充层； 6 排水支管接至排水立管； 7 旁通水平支管接至增设的独立泄水立管； 8 下降的钢筋混凝土楼板基层上设防的Ⅱ型防水饰面砂浆； 9 找平层； 10 密封膏

同层排水时的地漏节点构造

图集号

页

25

名称	简图	构造做法
防潮墙面的底部构造做法（防水饰面砂浆选Ⅱ型,作为防水层使用）	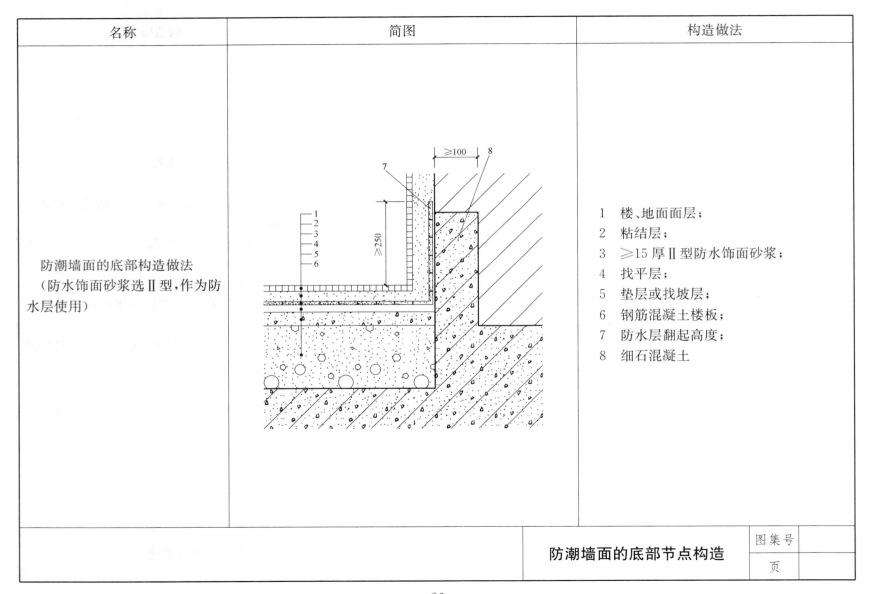	1　楼、地面面层； 2　粘结层； 3　≥15 厚Ⅱ型防水饰面砂浆； 4　找平层； 5　垫层或找坡层； 6　钢筋混凝土楼板； 7　防水层翻起高度； 8　细石混凝土

防潮墙面的底部节点构造

图集号

页

26

名称	简图	构造
内墙构造做法一 各类砖墙 （防水饰面砂浆型号不限,作为防潮层和饰面层使用）		1　结构墙体； 2　9厚1：3水泥砂浆打底扫毛或划出纹道； 3　5厚防水饰面砂浆
内墙构造做法二 混凝土墙 混凝土空心砌块墙 （防水饰面砂浆型号不限,作为防潮层和饰面层使用）		1　结构墙体； 2　刷素水泥浆一道（内掺建筑胶）； 3　9厚1：3水泥砂浆打底扫毛或划出纹道； 4　5厚防水饰面砂浆

	图集号	
建筑内墙构造	页	

名称	简图	构造做法
内墙构造做法三 蒸压加气混凝土砌块墙 （防水饰面砂浆型号不限,作为防潮层和饰面层使用）		1　结构墙体; 2　3厚外加剂专用砂浆打底刮糙或专用界面剂一道甩毛(喷湿墙面); 3　8厚1：3水泥砂浆打底扫毛或划出纹道; 4　5厚防水饰面砂浆
内墙构造做法四 陶粒混凝土砌块墙 （防水饰面砂浆型号不限,作为防潮层和饰面层使用）		1　结构墙体; 2　素水泥浆一道(内掺建筑胶); 3　8厚1：3水泥砂浆打底扫毛或划出纹道; 4　5厚防水饰面砂浆

	建筑内墙构造	图集号	
		页	

名称	简图	构造做法
内墙构造做法五 加气混凝土条板墙 （防水饰面砂浆型号不限，作为防潮层和饰面层使用）		1　结构墙体； 2　专用界面剂一道甩毛（甩前先将墙面用水润湿）； 3　5厚1：1：6水泥石灰膏砂浆打底扫毛或划出纹道； 4　聚合物水泥砂浆修补墙面； 5　5厚防水饰面砂浆
内墙构造做法六 陶粒混凝土条板墙（麻面） （防水饰面砂浆型号不限，作为防潮层和饰面层使用）		1　结构墙体； 2　聚合物水泥砂浆修补墙面； 3　素水泥浆一道（内掺建筑胶）； 4　5厚1：3水泥砂浆打底扫毛或划出纹道； 5　5厚防水饰面砂浆

	图集号	
建筑内墙构造		
	页	

名称	简图	构造做法
内墙构造做法七 （防水饰面砂浆型号不限,作为防潮层和饰面层使用）		1 5厚防水饰面砂浆; 2 9厚1：3水泥砂浆打底扫毛或划出纹道; 3 刷素水泥浆一道(内掺建筑胶); 4 混凝土内墙; 5 卷材或涂料防水层

	建筑内墙构造	图集号	
		页	

名称	简图	构造	
		地面	楼面
用于楼、地面(无防水层)构造做法 (防水饰面砂浆型号不限,作为防潮层和饰面层使用)		1　20厚防水饰面砂浆面层; 2　刷水泥浆一道(内掺建筑胶); 3　80厚C15混凝土垫层; 4　素土夯实	3　现浇钢筋混凝土楼板或预制楼板上现浇叠合层
用于楼、地面(有防水层)构造做法 (防水饰面砂浆型号不限,作为防潮层和饰面层使用)		1　15厚防水饰面砂浆面层; 2　35厚C20细石混凝土; 3　1.5厚聚氨酯防水层; 4　最薄处20厚1∶3水泥砂浆或C20细石混凝土找坡层,抹平; 5　水泥浆一道(内掺建筑胶)	

	楼地面构造	图集号	
		页	